BEI GRIN MACHT SICH IHR WISSEN BEZAHLT

- Wir veröffentlichen Ihre Hausarbeit,
  Bachelor- und Masterarbeit

- Ihr eigenes eBook und Buch -
  weltweit in allen wichtigen Shops

- Verdienen Sie an jedem Verkauf

Jetzt bei www.GRIN.com hochladen und kostenlos publizieren

Stephanie Goldmann

Verwendung von Titandioxid in der Nanotechnologie

GRIN Verlag

Bibliografische Information der Deutschen Nationalbibliothek:

Die Deutsche Bibliothek verzeichnet diese Publikation in der Deutschen National-
bibliografie; detaillierte bibliografische Daten sind im Internet über http://dnb.d-
nb.de/ abrufbar.

Impressum:

Copyright © 2012 GRIN Verlag GmbH
Druck und Bindung: Books on Demand GmbH, Norderstedt Germany
ISBN: 978-3-656-46762-5

GRIN - Your knowledge has value

Der GRIN Verlag publiziert seit 1998 wissenschaftliche Arbeiten von Studenten, Hochschullehrern und anderen Akademikern als eBook und gedrucktes Buch. Die Verlagswebsite www.grin.com ist die ideale Plattform zur Veröffentlichung von Hausarbeiten, Abschlussarbeiten, wissenschaftlichen Aufsätzen, Dissertationen und Fachbüchern.

Besuchen Sie uns im Internet:

http://www.grin.com/

http://www.facebook.com/grincom

http://www.twitter.com/grin_com

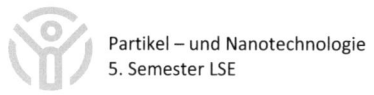
Inhaltsverzeichnis

I . Abbildungsverzeichnis

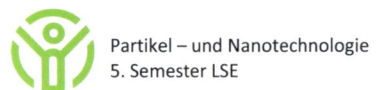

II. Tabellenverzeichnis

1. Titandioxid

Der Hauptbestandteil des Titandioxids ist das Element Titan, welches in zu den zehn häufigsten Metallen in der Erdkruste gehört.
Titandioxid (TiO_2) ist Produktbestandteil in vielen Konsumgütern wie Farben und Lacke, Kosmetika, Textilien, Papier, Kunststoffe und Lebensmitteln.
Es kann sowohl in regulärer Größe (mikroskalig) als auch nanoskalig hergestellt werden. Durch ihre Größe haben Titandioxid – Nanopartikel spezifische chemische und physikalische Eigenschaften die in verschiedenen Bereichen genutzt werden [1].

1.1. Eigenschaften von Titandioxid

Titandioxid kommt in den drei Kristallstrukturen Rutil, Anatas und Brookit vor. Diese Strukturen unterscheiden sich in ihrer äußeren Erscheinung, der Dichte, ihrer elektronischen und photoaktiven Eigenschaften und dem Brechungsindex [1].
Die Kristallstrukturen Rutil und Anatas absorbieren sowohl UV–Strahlung als auch Anteile des sichtbaren Lichtes. Die rutile Kristallstruktur (Abb.1) ist die thermodynamisch stabilere Form, Anatas (Abb. 2) hat sehr gute photoaktive Eigenschaften und verwandelt sich oberhalb von 915 °C in die rutile Kristallform um. Die Kristallform Brookit (Abb. 3) hat derzeit keine besondere wirtschaftliche Bedeutung [1].

Abbildung 1: Rutile Kristallstruktur des Titandioxids [17]

Abbildung 3: Anatas Kristallstruktur des Titandioxids[17]

Abbildung 2: Brookit Kristallstruktur des Titandioxids [18]

Titandioxid wird aus dem Titanerz Ilmenit ($FeTiO_3$) gewonnen. Titandioxid ist unlöslich in Wasser und organischen Lösungsmitteln. Es ist ein weißes, kristallines, geruchsloses und unbrennbares Pulver. Wegen der hohen Stabilität, des niedrigen Preises, den vielen Anwendungsmöglichkeiten und der guten optischen Eigenschaften wird es bereits seit 1916 kommerziell hergestellt.
Desweiteren ist Titandioxid ein Halbleiter [1]

1.2. Herstellung von Titandioxid

Es gibt zwei verschiedene Produktionsverfahren, den Sulfat Prozess und das Chlorid Verfahren.
Beim Sulfat Prozesse wird das zerkleinerte Titanerz mit konzentrierter Schwefelsäure vorbehandelt und anschließend zu TiO_2 x TiO_2 oxidiert, abfiltriert und danach bei 800 -1000 °C im Drehrohofen geglüht. Durch die Auswahl der Temperatur lässt sich die Kristallstruktur (Rutil und Anatas), sowie die Korngröße der Pigmente steuern [1].

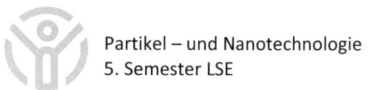

Vorwiegend verwendet wird das Chlorid – Verfahren, welches 1940 von der Firma DuPont lizenziert und weiterentwickelt worden ist. Das Titanerz wird mit Chlor und Koks bei hohen Temperaturen in Titan – Tetrachlorid – Dampf überführt und durch Reinigung und Destillationsvorgängen wir daraus das Rutil – TiO_2 gewonnen [1].

1.3. Herstellung von Titandioxid-Nanopartikeln

Für die Herstellung von Nano –Titandioxid werden anderen Verfahren verwendet, die eine höhere Ausbeute an Nanopartikeln erlauben. So wie z.b. beim Sol–Gel Verfahren, die Hydrolyse, sowie Prozesse bei denen die entstehenden Partikel über die Abscheidung aus der Gasphase erzeugt werden. Der anschließende Mahlvorgang in wässriger Phase stellt dann sicher, dass die Titandioxid-Nanopartikel einen Durchmesser zwischen 20 und 100 nm aufweisen [2]. Das Sol-Gel Verfahren soll im folgendem näher erläutert werden.

1.3.1 Sol Gel Verfahren

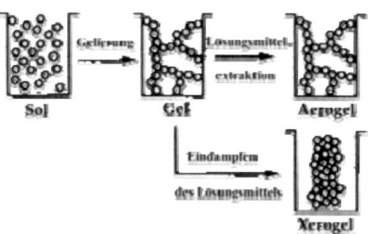

Abbildung 4: Sol-Gel Prozess [19]

Funktionsweise:

Der Sol-Gel-Prozess ist ein nasschemisches Verfahren zur Herstellung dünner Schichten. Dabei entsteht aus einer flüssigen Stoffmischung, dem Sol, das amorphe Netzwerk eines Festkörpers (Gel), welches sich unter bestimmten Voraussetzungen zu einer festhaftenden Oberfläche auf einem Grundwerkstoff ausbildet. Dabei entstehen Schichtendicken von 5-20 μm.

Begriffserklärungen:

SOL = ein kolloid disperses System mit festen Partikeln, deren Durchmesser größer als der Moleculardurchmesser aber kleiner als 100 nm ist

GEL = durch Koagulation (Zusammenlagerung) zu einer Masse erstarrtes Sol

Sol-Gel Verfahren:

Das Sol-Gel Verfahren gliedert sich in zwei Schritte:

1. Herstellung eines Sols aus metallorganischen Verbindungen in organischen Lösungsmitteln durch Zugabe von Katalysatoren (meist Wasser und Säure bzw. Basen)
2. das erzeugte Sol ist durch Zusätze modifizierbar und wird zum Gelieren gebracht

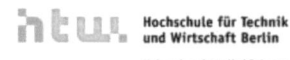
Das Sol :

- Sole werden aus Metallalkoholaten hergestellt (Metallalkoholate sind organische Verbindungen, bei denen an ein Metallion Alkoholreste gebunden sind)
- Metallalkoholate sind äußerst reaktionsfreudig → können sowohl mit Wasser als auch mit organischen Verbindungen reagieren
- Durch Zugabe von Wasser erreicht man eine Hydrolyse des Alkoholates (darf nur teilweise erfolgen)
- Polymerisierung dieser teilhydrolisierten Metallalkoholate miteinander
- Es bilden sich Ketten, und abhängig von der Stabilisierung, dreidimensionale Netzwerke.
- das durch die Kondensation entstehende Wasser kannn weitere Hydrolysen katalysieren

Das Gel :

Durch Entzug des Lösungsmittels oder Änderung des pH-Wertes kann eine Polymerisation über das gesamte Volumen des Sols stattfinden. Es bildet sich ein Gel (Gele sind Netzwerke, in denen Partikel dreidimensional miteinander verknüpft sind)

Die alkoxidische Ausgangslösung kann für Beschichtungen für Oberflächen beliebiger Geometrie aufgebracht werden. Nach der Benetzung erfolgt der Aufbau eines Netzwerkes mit einer Schichtdicke von 50 -500 nm. Dickere Schichten erhält man durch das wiederholte Benetzen und Trocknen. Auch können Fasern durch das Sol-Gel Verfahren hergestellt werden [2].

Vorteile und Nachteile des Verfahrens

Tabelle 1: Vor- und Nachteile des Sol-Gel Verfahrens [26]

Vorteile	Nachteile
Einfaches Verfahren	Geringe Haftigkeit der Schicht
Oberflächeneigenschaften sind einstellbar	Geringe Haltbarkeit der Schicht
Schnell und günstig	Hohe Prozesstemperaturen, deswegen nicht für alle Kunststoffe geeignet

2. Anwendungsbereiche von Titandioxid und Nano-Titandioxid

Bei kostengünstiger Herstellung hat Titandioxid zahlreiche vorteilhafte Eigenschaften wie Korrosionsbeständigkeit, brillantes Weiß, eine gute Deckkraft und schwächt ultraviolettes Licht ab. Rutil–Titandioxid wird in der Papierproduktion als optischer Aufheller verwendet. Ein weiterer Einsatz von Titandioxid liegt in der Beschichtung von Oberflächen, in Form von flüssigen Farbzubereitungen und als Pulverbeschichtungen. Titandioxid wird, wegen seiner UV –blockierenden Eigenschaft, auch in Plastikwerkstoffen zugesetzt aus denen unterschiedliche Gegenstände hergestellt werden. Eine wichtige Anwendung von Titandioxid liegt in der Kosmetik – und Lebensmittelindustrie. In der Kosmetikindustrie wird es als Weißpigment und als UV – Schutz eingesetzt. In der Lebensmittelindustrie wird Titandioxid zur Verbesserung der Textur verwendet und ist als E 171 als Lebensmittelzusatzstoff bekannt [1].
Nano–Titandioxid wird in Farbzubereitungen beigemischt, um die Oberflächeneigenschaften wie Härte, Reflexion und Wischfestigkeit zu verbessern. Auf Grund der Transparenz von

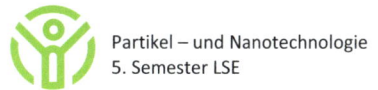

Nano–Titandioxid für sichtbares Licht kann dieses nicht als Weißpigment eingesetzt werden.
Ansonsten werden viele der guten Eigenschaften von Titandioxid auch bei Nano-Titandioxid
beobachtet [1].

2.1 Titandioxid in der Lebensmittelindustrie

2.1.1 Titandioxid in Lebensmitteln

Auf Grund der UV – Beständigkeit wird Titandioxid als Weißpigment in Papier und Plastik verwendet.
Direkt in Lebensmitteln ist das Titandioxid als Zuckerglasur von Konfekt oder in Instant – Getränken
zu finden. In der Lebensmittelindustrie ist Nano Titandioxid als Lebensmittelfarbstoff (E 171) bekannt
[3]. Der Lebensmittelfarbstoff E 171 ist z.B. in Kaugummis (siehe Abb. 6) und Süßigkeiten (siehe
Abb. 5) enthalten und hellt diese Produkte auf [4].
Durch sehr dünne und transparente Schichten (0,2 – 500 nm) aus anorganischen Materialien (z.B.
TiO_2) werden vor allem Süßwaren vor Feuchtigkeit und Sauerstoff geschützt um die Lagerzeit zu
verlängern [3].

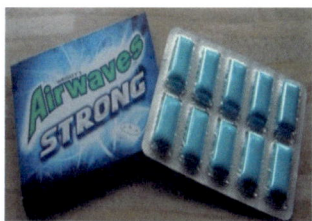

Abbildung 5: Nano-Titandioxid in Süßigkeiten [20]   **Abbildung 6: Titandioxid in Kaugummis [21]**

2.1.2. Verwendung von Nano – Titandioxid in Verpackungen

Sichtbares und ultraviolettes Licht haben negative Auswirkungen auf Lebensmittel. Besonders
chlorophyll – und riboflavinhaltige Lebensmittel sind besonders anfällig gegen das sichtbare Licht.
Das sichtbare und das ultraviolette Licht kann zu Farbveränderungen, Fettoxidation und
Vitamindegration führen [5].
Durch das Einbringen von nano – Titandioxid kann eine Verminderung der ultravioletten Strahlung
auf das Verpackungsmaterial gewährleistet werden.
Verpackungsmaterialien aus Nanomaterialien (z.B. TiO_2 und Silber) bieten den darin enthaltenden
Lebensmitteln einen besonderen Schutz. Sie verringern die Durchlässigkeit, wirken desodorierend,
blockieren das UV – Licht, bieten Schutz vor mechanischer Beanspruchung, sind hitzebeständig und
verhindern das Wachstum von Bakterien und Pilzen [3].

Obwohl das Nano – Titandioxid transparent ist, behält es seine UV – Beständigkeit und wird von
einigen Firmen als Füllpartikel in Folien und Plastikverpackungen vertrieben. Verpackungsmaterialien
werden als lebensmittelsicher eingestuft [3].
Desweiterem wird das nano – Titandioxid für antimikrobielle Beschichtungen verwendet, da es die
DNA in Zellkulturen zerstören kann [6].

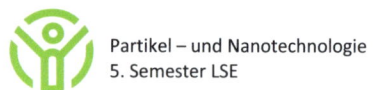

Ob sich die Nanopartikel auf die Lebensmittel übertragen kann, ist davon abhängig ob das Lebensmittel direkt mit der Verpackung in Kontakt kommt. Ist dies der Fall kann ein Übergang nicht ausgeschlossen werden. Es wird noch untersucht ob Nanopartikel in Verpackungen unbedenklich sind [7].

2.2. Verwendung von Titandioxid in Kosmetik

In der Kosmetikindustrie wird schon seit Jahren Titandioxid als UV-Filter eingesetzt. Allerdings wurden die Produkte von den Konsumenten schlecht angenommen, da die entstandenen Pasten sehr dick, klebrig und schwer zu handhaben waren und zudem einen weißen Film auf der Haut hinterlassen haben.
Erst durch die Verwendung von Nano-Titandioxid konnte erreicht werden, dass das Nano – Titandioxid für das menschliche Augen transparent erschien. Die Pasten konnten dadurch besser auf die Haut auftragen werden und haben das Hautgefühl verbessert. Durch die kleineren Partikel konnte auch die Schutzwirkung gegenüber UV – Strahlung verbessert werden. Mittlerweile werden ausschließlich Titandioxid – Nanopartikel Sonnenschutzmittel zugesetzt [8].

Um die Titandioxid – Nanopartikel in die Haut zu transportieren werden Nanoemulsionen erzeugt. Diese Nanoemulsionen sind sehr feine Emulsionen von Öl und Wasser mit einer Tröpfchengröße von 50 – 1000 nm. Sie streuen das sichtbare Licht nicht, so dass sie deswegen transparent erscheinen. Nanoemulsionen werden durch Hochdruckhomogenisation erzeugt. Die Hülle besteht aus einer Schicht Phosphatidylcholin. Das Innere besteht aus einem flüssigen, öligen Kern [8].

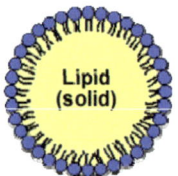

Abbildung 7: Lipid Nanopartikel; Hülle aus Phosphatidycholin umschließt festen Lipidkern [22]

Ein großer Vorteil dieser Nanoemulsionen ist, dass sie frei von Emulgatoren sind und deshalb für sensible Haut und besonders für Allergiker sehr gut geeignet sind. Deswegen sind Sonnenschutzmittel mit Nano–Titandioxid besonders für Allergiker geeignet [8,9].

Abbildung 9: Beispiel für die Anwendung von Nano - Titandioxid in Kosmetikprodukten [23]

Abbildung 8: Titandioxid als Farbpigment in der Kosmetik [24]

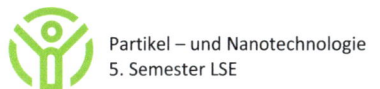

2.3. Oberflächenbeschichtungen mit Titandioxid

Im Allgemeinen ist eine Oberfläche die gesamte Außenfläche eines Körpers. Physikalisch beschreibt man eine Oberfläche genauer und definiert sie als Grenzfläche eines Objekts zu seiner Umwelt. Dabei besitzt die Oberfläche eines Objekts nicht nur eine abgrenzende und schützende Funktion, sondern hat im Laufe der letzten Jahre für das Produktdesign immer mehr an Bedeutung gewonnen. Der Wunsch nach Oberflächen, die möglichst lange gut aussehen, nicht allzu schnell verschmutzen und mit möglichst wenig Aufwand gepflegt werden können, veranlasste dazu, sich nach neuen Materialien oder Beschichtungsmöglichkeiten umzuschauen [10]. Auf ein paar wesentliche Methoden soll im Folgenden näher eingegangen werden.

2.3.1. Der Lotus-Effekt

Einer der bekanntesten Oberflächeneffekte ist der Lotus-Effekt. Dieser Effekt wurde von einer Pflanze abgeschaut, die in Asien wegen ihrer hohen Reinheit verehrt wird, und das obwohl sie in sumpfigen Gebieten wächst. Trifft Wasser auf die Blattoberfläche der Lotuspflanze perlt es ab und nimmt Verunreinigungen mit sich. Dabei ist die Oberfläche nicht etwa besonders glatt, wie man vielleicht vermuten könnte. Ihre Struktur ließ sich erst mit dem Rastertunnelmikroskop erkennen. Die Oberfläche der Blätter besteht aus zwei Schichten. Zum einen wird sie dicht von winzigen Noppen von Größen im Nanometerbereich bedeckt und zum anderen von hydrophoben Wachskristallen [10, 11].

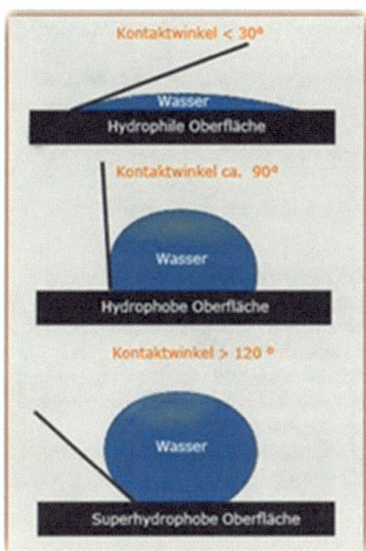

Abbildung 10: Kontaktwinkel von Wasser auf Oberflächen [25]

Der wasserabweisende Effekt der Wachsschicht wird durch die geringe Auflagefläche der Wassertropfen auf den Spitzen der Noppen und die Oberflächenspannung des Wassers verstärkt. Man nennt diesen Effekt auch Superhydrophobie, welcher die Anziehungskraft vom Wasser zur Oberfläche herabsetzt. Bei der kleinsten Neigung des Blattes perlen die Tropfen dann ab. Dabei nehmen sie den ebenfalls nur gering aufliegenden Schmutz mit sich, da die Anziehungskraft zwischen Wasser und Schmutz größer ist, als die Anziehungskraft beider zur Blattoberfläche [12].
Der Lotus-Effekt mag genial sein und in der Natur funktionieren, doch diesen auch technisch zu nutzen gestaltet sich eher schwierig. Die Herstellung von Oberflächen mit Lotus-Effekt ist anspruchsvoll, doch nicht unmöglich. So lassen sich lotusähnliche Oberflächenstrukturen bereits bei der Herstellung aus hydrophoben Polymeren schaffen oder aber durch Nachbearbeitung. Dazu gehören Prägen und Ätzen der Oberflächen, oder aber das Aufbringen von bestimmten Farben oder Nanopartikeln wie Siliziumdioxid. Es sind vielmehr die Anwendungsmöglichkeiten des Lotus-Effekts, die noch an Grenzen stoßen. Die so hergestellten Oberflächen sind empfindlich gegenüber mechanischer Belastung und die Selbstreinigung erfolgt nur in Gegenwart von bewegtem Wasser. Daher ist es wenig sinnvoll z.B. Bekleidungstextilien mit dem Lotus-Effekt auszustatten, da ein Waschen in der Waschmaschine die Oberflächenstruktur zerstören würde und die Kleidung ohne Wasser schmutzig bleiben würde. Auch für Sanitäranlagen sind Oberflächen mit Lotus-Effekt nicht

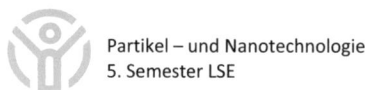
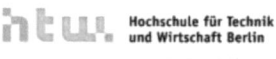
geeignet, da Seifen und Tenside die Oberflächenspannung des Wassers herabsetzen, so die Superhydrophobie nicht mehr gegeben ist und dies den ganzen Effekt zunichte macht. Des Weiteren spricht die raue Oberfläche und ihr mattes Aussehen gegen eine Verwendung des Lotus-Effekts für Fensterscheiben, optische Gläser und aus Designgründen gegen eine Verwendung für Autolacke. Selbst bei Hausfassaden stößt die Anwendung an ihre Grenzen. Es hat sich erwiesen, dass es besonders am Sockel von Häusern trotz Lotus-Effekt zu Verschmutzungen kam. Zwei wesentliche Gründe, die gegen eine Verwendung des Lotus-Effekt sprechen, sind, dass bereits ein Fingerabdruck ausreicht, um durch das Fett auf der Haut den Effekt zu zerstören, aber vor allem regeneriert sich die Oberfläche eines Lotusblattes ständig von selbst, was in der technischen Nachahmung bisher noch nicht gelingt [10].

2.3.2 Easy-to-Clean-Oberflächen

Easy-to-Clean-Oberflächen weisen im Gegensatz zu Oberflächen mit Lotus-Effekt eine besonders glatte Oberfläche auf. Durch die besonders glatten Oberflächen tendiert der Kontaktwinkel eines Wassertropfens gegen Null, sodass ein Film entsteht. Diese Oberflächen werden chemisch mit hydro- und oleophoben Substanzen beschichtet, sodass Verschmutzungen nicht so gut anheften können. Ein Selbstreinigungseffekt, der nur mit Wasser benötigt kommt so zwar nicht zustande, doch ersparen die Beschichtungen oft den Einsatz von aggressiven Reinigungsmitteln. Die Beschichtungen werden auf Basis von Silanen, mittels des sogenannten Sol-Gel-Verfahrens, hergestellt und können auch im Außenbereich eingesetzt werden, wobei eine starke Neigung der beschichteten Flächen zu beachten ist, sodass auftreffendes Wasser auch abfließen kann. Es ist bereits gelungen Anti-Graffiti-Beschichtungen herzustellen, die ein leichteres Entfernen von Sprayfarben ermöglichen. Das Sol-Gel-Verfahren ermöglicht auch nachträgliche Behandlungen von Oberflächen. Da die Beschichtungen durchsichtig sind, lassen sie sich auch für Glas verwenden und werden bereits in der Automobilbranche eingesetzt. Anti-Fingerprint-Nanobeschichtungen zählen ebenfalls zu den Easy-to-Clean-Oberflächen und werden vor allem für die Beschichtung von Glas und änlichem verwendet. Sie sind fettabweisend und können die Lichtbrechung so modifizieren, dass Abdrücke nicht mehr zu sehen sind [10]. Dies ist vor allem für die aufkommende Verwendung von Touch-Screens von Vorteil.

2.3.3 Photokatalytische Effekte des Titandioxid

Die wohl am meisten verbreitete Beschichtungsmethode, die der Nanotechnologie zugeteilt wird ist die Verwendung von Titandioxid. Diese Oberflächen sind ebenso wie die Easy-to-Clean-Oberflächen hydrophil, sodass auftreffendes Wasser einen Film bildet und nicht abperlt. Im Gegensatz zu den Easy-to-Clean-Flächen lässt sich hier jedoch zumindest theoretisch ein Selbstreinigungseffekt verzeichnen. Dieser entsteht durch die photokatalytischen Eigenschaften des Titandioxid. Was bedeutet, dass beim Einstrahlen von UV-Licht auf die Oberfläche Sauerstoffradikale entstehen und diese wiederum organische Substanzen zersetzen. Sämtlich Fette, Ruß oder Pflanzenmaterial haben also keine Chance sich auf der mit Titandioxid beschichteten Oberfläche abzusetzen. Die Zersetzungsrückstände lösen sich in auftreffendem Wasser und werden von diesem abtransportiert. Der Vorteil von Titandioxid ist, dass es bei der Katalyse nicht selbst verbraucht wird und der Effekt Bestand hat. Da die Oberflächen jedoch hydrophil sind und Wasser nicht einfach abperlt, sind der Selbstreinigung Grenzen gesetzt, sodass die Oberflächen doch hin und wieder gesäubert werden müssen. Die Hydrophilie hat aber auch den Vorteil, dass die beschichteten Flächen nicht beschlagen, was besonders für Glasflächen, wie Außenspiegel von Autos oder Brillen vorteilhaft ist. Glasbeschichtungen sind möglich, da Titandioxidbeschichtungen ebenso wie Easy-zo-Clean-Beschichtungen durchsichtig sind. Aufgrund der zersetzenden Eigenschaften des Titandioxid, lässt es sich nicht ohne weiteres auf organische oder Polymeroberflächen aufbringen. Hierzu wird eine anorganische Zwischenschicht benötigt. Die Herstellung erfolgt üblicherweise mittels chemischer Gasphasenabscheidung. Bei diesem Verfahren ist es jedoch nicht möglich eine nachträgliche Beschichtung der Materialien vorzunehmen. Eine günstigere Variante ist hier auch wieder das Sol-Gel-Verfahren.

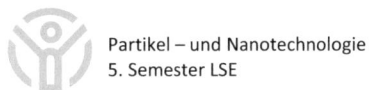
Partikel – und Nanotechnologie
5. Semester LSE

htw. Hochschule für Technik
und Wirtschaft Berlin
University of Applied Sciences

3. Risiken für die Gesundheit

Nanopartikel aus Titandioxid werden über die Haut durch TiO_2 – haltigen Sonnenschutzmittel und durch das Verschlucken von nanohaltigen TiO_2 als Lebensmittelzusatz in den Körper aufgenommen. Bisher wurden aber noch keine epidemiologischen Studien zu nanoskaligen Titandioxidpartikel durchgeführt. Allerdings wurden die Auswirkungen der freigesetzten TiO_2 – Stäube (die bei der Herstellung und Verarbeitung entstehen) auf die Beschäftigten untersucht. Dabei kam heraus, dass es keine erhöhte Gefahr für Lungen – und anderen Krebsarten gibt [1].
Ob Nano-Titandioxid tatsächlich eine Gefahr für Mensch und Umwelt darstellt, hängt nicht allein von den toxischen Eigenschaften ab, sondern auch davon ob das Nano–Titandioxid aus den Produkten in den Körper oder in die Umwelt gelangt. Das in Sonnencreme enthaltende Nano-Titandioxid gilt als unbedenklich, da sie die gesunde Haut nicht durchdringen kann. Dafür gilt das Titandioxid welches in Form vom Lebensmittelzusatzstoff E 171 in Körper gelangt als gefährlich. Zirka 5 – 10 % von dem Titandioxid–Partikel liegen in Nanogröße vor. Davon werden 99 % ausgeschieden. Wie sich der restliche Anteil im Körper verteilt, müsse noch erforscht werden [13].
Allerdings warnen Forscherteams vor einem Krebsrisiko für den Menschen, wenn diese hohen Konzentrationen an Nanopartikeln ausgesetzt sind. Das nano- Titandioxid kann sich in den Lungen sammeln und dadurch zu chronischen Entzündungen führen aus denen sich nach 10 -15 Jahren Krebs entwickeln kann [13]. Diese Erkenntnisse wurden aus den in vivo Studien an Tieren gewonnen (siehe 3.1).
Verschiedene wissenschaftliche Studien kamen außerdem zu dem Ergebnis, dass Nano-Titandioxid photoaktiv ist und freie Radikale produziert. Diese können DNA-Schäden in menschlichen Zellen verursachen, insbesondere wenn die Haut UV-Licht ausgesetzt ist [14].

3.1. In Vivo Studien

Aufnahme über die Lunge

An Ratten, Mäusen und Hamstern wurden Untersuchungen zu Schädigung der Atemorgane durch nano – TiO_2 durchgeführt. Diese Untersuchungen zeigten das eingeatmete TiO_2 – Nanopartikel sich in der Lunge ablagern und Entzündungen hervorrufen können, die allerdings nur vorrübergehend sind. Bei der Gabe von hohen Dosen TiO_2 – Nanopartikeln (5 Tage, 50 mg/m³) zeigte sich das die Partikel als Agglomerate in der Lunge ablagern und sich in den Makrophagen ansiedeln und dadurch sich starke Entzündungsreaktionen entwickeln können.
Ob die Nano-Titandioxid–Partikel ins Gehirn gelangen können wird bisher noch nicht untersucht.

Aufnahme über den Magen – Darm Trakt

Zur Aufnahme von nano TiO_2 Partikeln über den Magen- Darm Trakt gibt es nur wenige Studien. Bisher ist nur bekannt, dass TiO_2 aus dem Magen Darm Trakt in den menschlichen Organismus resorbiert werden kann. In der einen Studie wurde den Probanden Titandioxid in Gelatinekapseln verabreicht. Dabei wurde festgestellt, dass eine großenabhängige Resorption ins Blut stattfand. Je kleiner die Partikel waren, desto schneller war die Resorption. In einer anderen Studie wurde weiblichen Ratten 10 Tage rutiles Titandioxid verabreicht. Dabei wurden TiO_2 - Partikel in Leber, Milz und Lunge gefunden, aber nicht in Herz und Niere. Dabei wurde angenommen, dass die größte Menge der aufgenommen Partikel mit dem Stuhl wieder ausgeschieden wird.
Die gentoxische Wirkung von nano – TiO_2 wurde an trächtigen Mäusen untersucht. Die Nachkommen wiesen spezielle DNA – Schäden, oxidativen Stress und Entzündungsreaktionen auf, die auf sekundäre Effekte zurückzuführen sind.

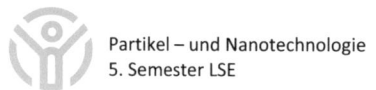

Aufnahme über die Haut

Eine wichtige Verwendung von Titandioxid Nanopartikel ist Verwendung in Sonnenschutzmitteln. Es wird angenommen, dass das Nano – Titandioxid auf der Hautoberfläche verbleibt bzw. im Bereich der oberen Schichten und somit keine schädliche Wirkungen im Körper hervorgerufen werden. Vorausgesetzt die Haut weist keine Schädigungen (z.b. Verbrennungen oder Hautkrankheiten) auf. Durch die vielen Hautschichten gilt die Haut als gute Barriere. Studien zeigten auch, dass in den tieferen Schichten des stratum corneum keine Partikel nachgewiesen worden sind. Jedoch wurden in einzelnen Haarfollikeln Nano – Titandioxid Partikel beobachtet. Langzeitstudien für die Nano – Titandioxid Partikel in den Haarfollikeln gibt es nicht. Trotzdem wird die gesundheitsschädliche Wirkung als unwahrscheinlich angesehen.

4. Gefahren für die Umwelt

Titandioxid gilt als ungiftig und für die Umwelt als unbedenklich. Allerdings sind die Auswirkungen von Nano–Titandioxid Partikel noch nicht ausreichend untersucht.
Das Nano–Titandioxid kann beim Baden mit Sonnencreme welche Nano–Titandioxid Partikel enthalten ins Wasser gelangen. Nano Titandioxid bildet im Wasser und unter UV–Licht freie Radikale, welche für Algen und Wasserflöhe giftig sind [14, 15].
Das Nano-Titandioxid Partikel verteilen sich gleichmäßig im Wasser und reichern sich in den Biofilmen an, die von Bakterien an der Grenzschicht zwischen Wasser und Bodensediment gebildet werden. Bilden sich nun die freien Radikale durch die Photoreaktivität werden die Mikroben dort getötet [16].

5. Quellen

[1] http://epub.oeaw.ac.at/ita/nanotrust-dossiers/dossier033.pdf (20.10.2012)

[2] http://epub.oeaw.ac.at/ita/nanotrust-dossiers/dossier006.pdf (22.10.2012)

[3] http://epub.oeaw.ac.at/ita/nanotrust-dossiers/dossier004.pdf [06.11.2012]

[4] http://www.greenpeace-magazin.de/index.php?id=6254 (10.11.2012)

[5] www.ivlv.de/de/Projekte.html?page=prj&prjid=151&wgrpid=8&jahr=2005 (19.10.2012)

[6]http://www.bund.net/fileadmin/bundnet/publikationen/nanotechnologie/20080311_nanotechno
logie_lebensmittel_studie.pdf (25.10.2012)

[7] http://www.nano-technologien.com/nano-in-verpackungen (10.11.2012)

[8] http://epub.oeaw.ac.at/ita/nanotrust-dossiers/dossier008.pdf (06.11.2012)

[9] http://www.ikw.org/fileadmin/content/downloads/Sch%C3%B6nheitspflege/SP_IKW_Nano.pdf
(10.11.2012)

[10] http://epub.oeaw.ac.at/0xc1aa500d_0x0023bc14.pdf (10.11.2012)

[11] http://www.br.de/themen/wissen/bionik-lotuseffekt-natur100.html (10.11.2012)

[12] http://www.nanotol.de/nanotechnologie/lotuseffekt.htm (10.11.2012)

[13] http://www.tagesspiegel.de/wissen/sorge-wegen-titandioxid-partikeln-gefahr-aus-der-
nanowelt/3911930.html (06.11.2012)

[14]http://www.bund.net/themen_und_projekte/nanotechnologie/nanomaterialien/titandioxid_zin
koxid/ (15.10.2012)

[15] http://www.fibl.org/fileadmin/documents/en/switzerland/organic-facts/bund-studie-nano-
lebensmittel.pdf (06.11.2012)

[16] http://www.news.de/gesellschaft/855032171/nanopartikel-sind-mikrobenkiller/1/ (03.11.2012)

Abbildungen

[17] http://homepage.univie.ac.at/thomas.posch/astromineralogie/AstMin.html (20.10.2012)

[18] http://daten.didaktikchemie.uni-bayreuth.de/umat/titan/titan.htm (20.10.2012)

[19] http://www.bauchemie.ch.tum.de/master-framework/?p=Koll&i=14&m=1&lang=de
(15.11.2012)

[20] http://www.intelligentvending.co.uk/vending-ingredients-products/snacks-crisp-
products/snacks-confectionery/mms-peanut-standard-pack.htm (11.11.2012)

[21] http://honey66.blog.de/2011/02/20/airwaves-strong-10638090/ (09.11.2012)

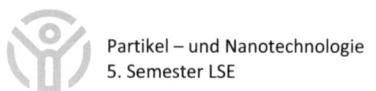

[22] ://www.azonano.com/article.aspx?ArticleID=1245#_Benefits_of_Using_Lipid_Nanoparticl

[23] http://www.bund.net/themen_und_projekte/nanotechnologie/nanoproduktdatenbank/ (10.11.2012)

[24]http://www.gentechnologie.ch/cms/index.php?option=com_content&view=article&id=227%3Ati
tandioxid-nanopartikel-verursachen-entzuendungen-in-der-
lunge&catid=49%3Ananotechnologie&Itemid=96 (11.11.2012)

[25] http://www.nanotol.de/wp-content/uploads/2011/08/nanotol-kontaktwinkel.jpg (11.11.2012)

[26] http://www.hof-university.de/sol-gel-prozess.1823.0.html (13.11.2012)